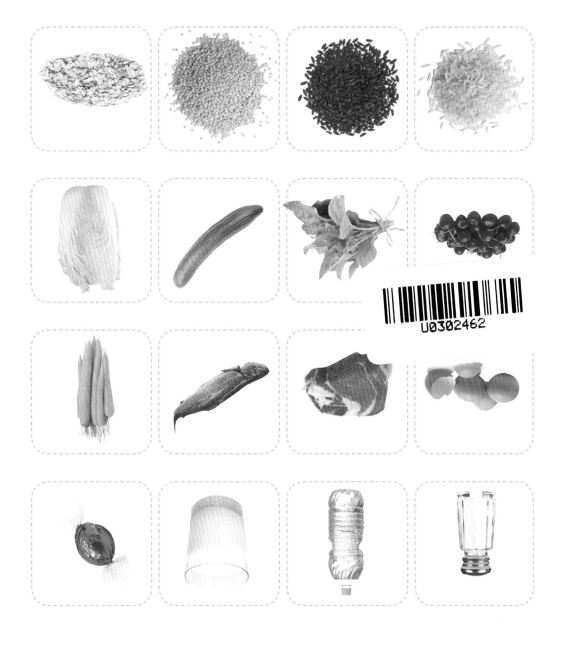

食材卡片

小朋友，请在家长的帮助下，把下边的食物裁下来，然后放在书中第 4 页的卡片袋里，判断它属于你的美食金字塔吧。

高参小

小学拓展型课程校本教材丛书

儿童美食心理学

张 婍 著

北京出版集团公司

北京出版社

图书在版编目（CIP）数据

儿童美食心理学 / 张婍著. — 北京 ：北京出版社，
2018.5

ISBN 978 - 7- 200 - 14103-0

Ⅰ．①儿… Ⅱ．①张… Ⅲ．①儿童 — 食谱 Ⅳ.
① TS972.162

中国版本图书馆CIP数据核字（2018）第114184号

儿童美食心理学
ERTONG MEISHI XINLIXUE
张 婍 著

*

北 京 出 版 集 团 公 司
北 京 出 版 社　出版
（北京北三环中路 6 号）
邮政编码：100120
网　　址：ｗｗｗ．ｂｐｈ．ｃｏｍ．ｃｎ
北京出版集团公司总发行
新 华 书 店 经 销
北京瑞禾彩色印刷有限公司印刷

*

720毫米×1000毫米　16开本　7.25印张　60千字
2018年5月第1版　　2018年5月第1次印刷

ISBN 978 - 7 - 200 - 14103 - 0
定价：35.00 元

如有印装质量问题，由本社负责调换
质量监督电话：010 - 58572393

编委会

主编

黄先开　张志斌

副主编

范清惠　牛爱芳　楚　天　徐　娟

执行主编

汪艳丽　李爱国

编委（以姓氏笔划为序）

马　涛	王为民	白　炜	王永平	梅　冉	王竹宝
王逦丽	刘　莹	刘视湘	刘光恩	朱　艳	吴　南
张　婍	张　楠	张东昌	于翔宇	张银霞	张德兰
李小贝	李冬云	李红梅	李知明	李娟华	李淑琼
杨　扬	杨晓钟	张婧涵	汪梦翔	朱碧莹	肖来鹏
邹　宏	姚铁力	胡佳硕	赵　华	郝凤涛	唐　昊
唐红斌	高　军	曹颖娜	曾美英	蒋学凤	翟红英
翟金忠	蔡晓蓓	赵紫薇			

本书由北京联合大学师范学院协助出版

目录

第一单元

认知篇

第一课

学习目标：

● 了解美食金字塔的基本组成和成分

● 学会对生活中的食物进行基本的分类

● 能够利用美食金字塔来指导日常
的饮食行为

认一认

食物种类很多，小朋友，你认识下面这些食物吗？

动手做

尝试着动手制作你的美食金字塔吧！

首先，请认真地看一看手中的食物小卡片。然后，请你把同类的食物放到金字塔里同一行的位置。当把所有的食物小卡片都放到金字塔里后，你的美食金字塔就制作完成啦！快快动手做起来吧！

美食金字塔

　　食物对我们的健康有哪些好处呢？美食金字塔到底是由什么组成的？

　　美食金字塔共有五层，每一层都由不同种类的食物组成，它们用不同的方式促进我们身体健康。

美食金字塔第五层
调味品
它们使食物变得鲜香、美味，但是调味品也不能多吃，不然会损害身体器官！

美食金字塔第四层
糖和油
它们给我们提供许多能量，但我们不能吃过多的糖和油，不然就会长胖长肥的哟！

美食金字塔第三层
鱼、肉、奶制品、蛋类
它们含有丰富的蛋白质，有助于生长发育，使我们长得高高壮壮、健健康康。

美食金字塔第二层
蔬菜、水果
它们给我们提供多种维生素和矿物质，可以让我们预防疾病、充满活力！

美食金字塔第一层
谷物类
包括小麦、玉米、小米、黑米、荞麦、燕麦等杂粮。它们给我们热量，让我们有力气！

学做美食金字塔

小朋友，请对照下面的图片，看看你是否学会了制作美食金字塔。

唱一唱童谣

美食金字塔

美食宝塔分五层，层层种类各不同。

底层谷类能吃饱，顿顿千万不能少。

二层蔬果价值高，每天两类不要挑。

鱼肉蛋奶营养好，适量食用长高高。

四层油糖热量超，多吃长胖惹人恼。

调料顶层分量小，只需一点就达标。

营养均衡善搭配，人人争当壮宝宝。

美食小任务

1. 请你回家给家长表演一下童谣《美食金字塔》。

2. 请试着按照美食金字塔的方法搭配一顿美食。

第二课
蔬菜超人
联盟

学习目标：

- 了解常见蔬菜的特点和营养功能
- 学会对蔬菜进行创造性地分类
- 提升对蔬菜的正面印象

爱吃蔬菜的小熊先生

有一天，小熊先生和狐狸先生商量着要一起种蔬菜，狐狸先生问小熊先生："哎呀呀，小熊先生，你是想吃长在泥土上面的蔬菜，还是长在泥土下面的蔬菜呀？"小熊先生立即答道："我当然要吃长在泥土上面的蔬菜喽，又干净又好吃。"狐狸先生哈哈一笑说道："好的，没问题！"

于是，狐狸先生种了胡萝卜。不久，胡萝卜一天一天地长大，小熊先生看菜叶长得差不多了，决定把它拔起来，可是当它拔出来后一看叶子下面，发现有一个好漂亮的胡萝卜噢。但是按照之前的约定，长在泥土下面的、好吃的胡萝卜就被狐狸先生拿去吃，而小熊先生只能吃长在泥土上面的、味道不太好的胡萝卜叶了。

过了不久，狐狸先生和小熊先生又相遇了，它们决定再次合作，再在一起种一次蔬菜。小熊先生思考片刻说道："上次啊，我吃了长在泥土上面难吃的叶子，这次我要吃下面的蔬菜了。""哈哈，没问题！"狐狸先生再一次爽快地答应了。

这一次，狐狸先生种的是白菜。过了不久白菜就长出来了，小熊先生很高兴，它想：白菜的叶子这么漂亮，那它泥土下面的部分一定也很好吃。小熊先生开心地把白菜拔起来，可是发现泥土下面只有几根难吃的白菜根。"为什么你总是吃到蔬菜好吃的部分呢？"小熊先生不满地问。"那是因为我认识蔬菜而你不认识呀！"狐狸先生得意地答道。

这时，小熊先生没话说，谁叫它不认识蔬菜呢。从此以后它就开始学习认识蔬菜，这样将来就再也不会吃到难吃的蔬菜啦。

请你开动脑筋想一想：

1. 小熊先生为什么吃不到蔬菜，它遇到了什么困难？

2. 看了刚才的小故事，你知道我们要吃胡萝卜和白菜的哪个部位了吗？

接下来，你的任务

1. 请为小萝卜和小白菜画上生长的地平线吧。

2. 请涂上自己喜欢的颜色，制作属于自己的蔬菜超人。

3. 你认识下面的这几种蔬菜吗？看看好吃的藏在哪里。

蔬菜超人联盟成员介绍

胡萝卜超人

胡萝卜中含有丰富的胡萝卜素。被人体食入消化后，可以转化成维生素 A。

我的超人宣言：
让我来帮助你保护视力吧！

我的超人宣言：
我能帮你增强免疫力，抵制病菌侵入，促进新陈代谢！

我的超人宣言：
我能帮助你刺激肠胃蠕动，促进消化哟！

彩椒超人

彩椒含有丰富的维生素 A 和维生素 C。彩椒的维生素综合含量居蔬菜之首！

芹菜超人

芹菜含有非常丰富的膳食纤维。吃些芹菜可以刺激胃肠蠕动。

我的超人宣言：
我能保持血管弹
性，还能促进伤
口愈合呢！

我的超人宣言：
我能抗氧化和保护
你的嫩嫩的皮肤。

茄子超人

茄子含有丰富的维生素 P，
这是许多蔬菜水果比不上的。维
生素 P 能使血管壁保持弹性，防
止维生素 C 氧化而增强其效果。

番茄超人

番茄含有丰富的
维生素 C 和 B 族维
生素。番茄中含有的
"番茄素"具有抑制
细菌的功效。

我的超人宣言：
别看我不起眼，
我能帮助你们快
快长高呢！

萝卜缨超人

萝卜缨是萝卜的
茎和叶。红萝卜缨含
钙量在所有蔬菜中排
第一位。

蔬菜超人连连看

小朋友，蔬菜超人们忘记自己叫什么啦，快来帮助每一位蔬菜超人找到自己的名字吧！请将以下蔬菜和蔬菜名称连线，例如黄瓜。

1. 按蔬菜的颜色分类

分类1：绿色的蔬菜

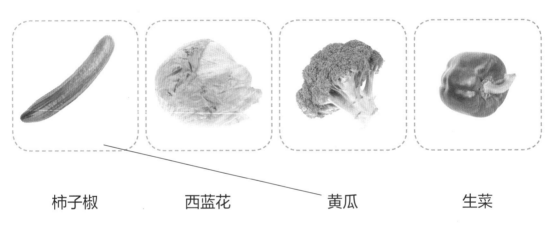

柿子椒　　　　西蓝花　　　　黄瓜　　　　生菜

分类2：其他颜色的蔬菜

胡萝卜　　　　番茄　　　　红辣椒　　　　南瓜

小朋友，想一想：还有什么颜色的蔬菜？

2. 按主要食用部位的生长位置分类

分类1：食用地面以上部位的蔬菜

白菜　　　　　茄子　　　　　芹菜　　　　　菠菜

分类2：食用地面以下部位的蔬菜

藕　　　　　洋葱　　　　　姜　　　　　萝卜

小朋友，想一想：还有哪些分类方法？

小游戏：蔬菜超人集结令

游戏规则

从上面的六种蔬菜超人中任选一种，画出属于自己的蔬菜超人。然后和其他小朋友一起玩一个游戏，根据蔬菜超人集结令来寻找自己的超人联盟。当喊口令 1 的时候，属于同一种蔬菜超人的小朋友集合到一起。当喊口令 2 的时候，不同种类蔬菜超人的小朋友集合到一起。

口令 1：蔬菜超人联盟

——蔬菜家族大集合

口令 2：蔬菜超人联盟

——蔬菜种类各不同

**美食
小任务**

1. 请你尝试着吃一种以前没吃过的蔬菜，记住它的名字，并画在下面。

我尝试的新蔬菜

2. 请和身边的小伙伴聊一聊自己喜欢吃的蔬菜。

第三课
七彩水果王国

学习目标：

- 了解常见水果的特点和营养功能
- 学会对水果进行创造性地分类
- 通过对水果认知的强化来提升对水果的正面印象

认一认

　　欢迎来到七彩水果王国！快来认一认下面这些水果，试着说出它们的名字吧！

猜一猜

　　我说谜语你来猜，水果大王真厉害！

　　1. 红衣裳，圆脸儿，亲一口，甜又脆。

　　2. 弯弯儿，不是镰刀，翘翘儿，不是牛角，一旦抓它在手，撕开脸皮就咬。

　　3. 小小红坛子，装满红饺子，吃掉红饺子，吐出白珠子。

美食小知识

时令水果宝宝

每个季节都会有不同种类的水果成熟，我们把按照大自然的季节规律所生产的水果称为时令水果。每一种水果都有各自的营养价值与功效，选择品尝当季的水果，不仅营养充足，还能保持新鲜，对我们的身体很有好处。

春意盎然，春姑娘带来了草莓和樱桃

草莓宝宝：果实鲜红美艳，柔软多汁，营养丰富，每 100 克鲜果肉中含维生素 C 多达 60 毫克，比苹果、葡萄的含量还高！

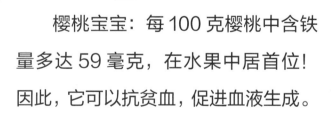

樱桃宝宝：每 100 克樱桃中含铁量多达 59 毫克，在水果中居首位！因此，它可以抗贫血，促进血液生成。

夏日炎炎，西瓜和芒果带来清爽

西瓜宝宝：含有大量的水分，还有糖、维生素、多种氨基酸等营养成分，能在高温时补充我们身体的水分和营养。口渴、汗多、烦躁时，吃上一块西瓜，会让我们精力充沛。

秋风飒爽，藤蔓上挂满了紫色的葡萄

葡萄宝宝：世界上最古老、分布最广的水果之一，几乎占全世界水果产量的四分之一。营养价值很高，富含镁、维生素 C 和铁，有一定的药用价值。还可以制作成葡萄汁、葡萄干和葡萄酒。

冬日暖阳，橘子和苹果陪我们度过

橘子宝宝：营养丰富，一个橘子就几乎能满足人体一天所需的维生素 C 含量。因此，常吃橘子可以增强身体的抵抗力，预防感冒。

苹果宝宝：最常见的水果，它和葡萄、橘子和香蕉并称为世界四大水果，而苹果就是世界四大水果之冠。果肉中的营养成分丰富，容易被人体吸收，能够让我们的皮肤变得水润光滑。

找队伍

七彩水果王国要举行一年一度的阅兵仪式了，但是还有好多水果宝宝没有找到自己的队伍。水果宝宝们很着急，请你帮助它们分分类，让每一个水果宝宝都能找到自己所属的队伍吧！

按照颜色分类

红色：

黄色：

绿色：

其他：

按照形状分类

圆形：

椭圆形：

月牙形：

其他：

按照名字的字数分类

一个字：

两个字：

三个字：

其他：

想一想：

还有没有其他分类方法？

1. 请找一找现在这个季节还有哪些时令水果。

2. 请画一画自己最喜欢吃的水果，并和小伙伴分享你的作品。

我最喜欢吃的水果

第四课
水宝宝探险记

学习目标：

- 打开五官感觉了解水的特点和功能
- 掌握水和其他食材结合的变化规律
- 养成饮用天然饮料的良好习惯

做一做

请为自己倒一杯水，然后看一看、闻一闻、尝一尝、摸一摸。接着，请把自己对水宝宝的印象写到小水滴里。

记一记

对于人类来说，水是仅次于氧气的重要物质。在成年人的体内，60%~70% 的质量是水；儿童体内水分的比重更大，可以达到 80%。体内失水 10% 会威胁人类身体健康；失水 20% 就会有生命危险。

水宝宝探险记

水宝宝对外面的世界充满了好奇，它想认识更多的新朋友。于是，水宝宝登上了一座陌生的小岛，开始了探险之旅。水宝宝在这个岛上去了很多地方，在每一个地方都认识了一位小伙伴，我们快来一起看看水宝宝和小伙伴们都发生了什么故事吧！

【第一站：蜂蜜宝宝】

蜂蜜有很高的营养价值，它可以为我们补充能量，改善睡眠。天气干燥时，它还能润肺止咳。

【第二站：花茶宝宝】

花茶是一种天然的饮品，每一种花茶都有它独特的作用。花茶中花的香气不仅可以帮助我们安神，还能滋养我们的皮肤，保健养生。花茶的种类：玫瑰花、菊花、茉莉花、桂花等。

【第三站：柠檬宝宝】

柠檬含有丰富的维生素 C，感冒的小朋友喝一些柠檬水，可以提高身体的抵抗力。为了减轻柠檬宝宝的酸味，可以在柠檬水中加上一点蜂蜜宝宝，这样就可以使柠檬水变得既酸酸甜甜又营养。

【第四站：黄豆宝宝】

豆浆含有丰富的植物蛋白、钙和矿物质等，可以为我们提供丰富的营养。除了黄豆之外，红豆、绿豆、黑豆等都可以做成豆浆。

看完了水宝宝的探险故事，有两个问题想考考你：

1. 还记得水宝宝在探险的路上都遇到了哪几位小伙伴吗？

2. 这几位小伙伴有什么共同的特点呢？

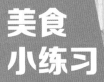

唱一唱童谣

小水滴

小水滴，个儿小，

作用多，本领大。

小草喝它冒新绿，

小树喝它吐新芽。

早上起床一杯水，

平常记住多补水。

天然饮料益处多，

人造饮料害处大。

培养喝水好习惯，

身体倍棒乐开怀。

美食 小任务

1. 每天起床后，问问自己：喝水了吗？如果没有，从明天开始，请养成起床后喝一杯温水的好习惯，并记录下来吧。

今天早上你喝水了吗？

日期	我喝水了（√）	我没有喝水（×）
星期一		
星期二		
星期三		
星期四		
星期五		
星期六		
星期日		

2. 请为你的家长表演一下童谣《小水滴》，全家人一起来培养喝水的好习惯吧。

米粒的成长故事

学习目标:

- 认识米的种类和特点
- 掌握米的生长历程
- 培养珍惜粮食、感恩劳动的品质

认一认

下面这些五颜六色的米，你都认识吗？快来认一认，它们叫什么名字。

想一想

1. 你能记住几种米的名字呢？

2. 有没有什么办法可以记得又快又好？

米粒的成长故事

你知道饭桌上香喷喷的米饭是由什么做成的吗？大米。

大米是水稻经过一系列的加工工序后制成的成品，而水稻需要经过以下几个过程才能变成又白又亮的大米。

第一步：农民伯伯往田地里播种。

第二步：等到种子长成秧苗后，农民伯伯要把秧苗栽插到水田里，秧苗就慢慢长成了水稻。

第三步：为了保证水稻的充足水分，农民伯伯要定期为水稻浇水、施肥。

第四步：农民伯伯要对田地进行管理，为水稻除杂草、治理虫害。

第五步：水稻成熟以后，农民伯伯要收割水稻，脱粒。

第六步：脱皮后的大米就可以做成香喷喷的米饭啦。

我来讲讲小故事

　　学习了米粒的成长故事之后，请你尝试着把下面的图按照故事中的顺序进行排序，在图片下方的括号里标上序号，并看着图说说这个成长故事。

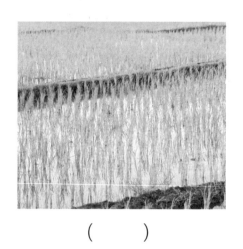

(　　)

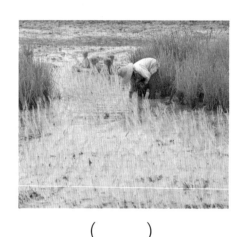

(　　)

(　　)

(　　)

学习古诗

悯农

锄禾日当午，

汗滴禾下土。

谁知盘中餐，

粒粒皆辛苦。

小朋友，你知道这首古诗的含义吗？

译文：农民伯伯在正午烈日的暴晒下锄禾，汗水从身上滴落在禾苗生长的土地上。谁又知道盘中的饭食，每颗每粒都是农民伯伯用辛勤的劳动换来的呢？

1. 腊八节就要到了，妈妈想熬一锅腊八粥，这需要八种食材，小朋友，你能帮妈妈想一想是哪八种食材吗？请将答案写在下边吧。

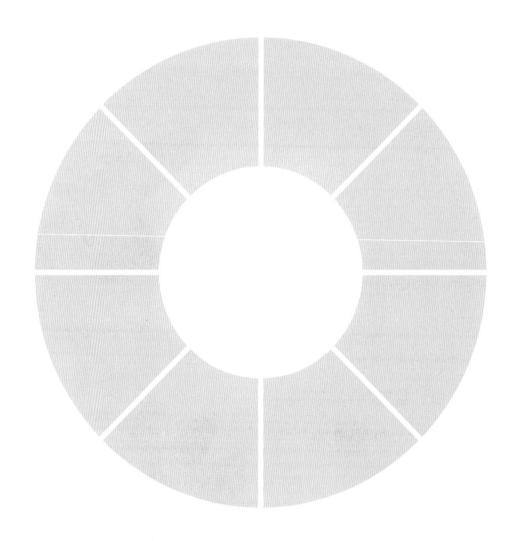

2. 请用自己喜欢的方式讲一讲《米粒的成长故事》。

第二单元

习惯篇

第六课
零食大作战

学习目标:

- 了解零食的概念和特点
- 熟悉零食的分类及零食会对健康产生哪些影响
- 养成三餐规律、少吃零食的好习惯

想一想

1. 你知道什么是零食吗?

2. 你最喜欢吃的零食是什么?

3. 你会在什么情况下吃零食?

认一认

请看下面的图片,分辨一下哪些是零食,并说说为什么。

好零食和坏零食

零食，通常是指一日三餐之外的时间里所食用的食物。根据对身体产生的影响，零食可以分为好零食和坏零食。好零食又叫健康零食，一般是指原产品零食和初加工零食。坏零食又叫不健康零食，一般是指深加工零食。

好零食队伍

坚果类：坚果类零食含有较多的蛋白质、脂肪及维生素 E、钙等营养物质，对人体有益，可以补充大脑所需要的营养，使我们变得更加聪明！

天然乳制品类：天然乳制品类零食含有丰富的营养和钙物质，有助于骨骼发育，帮助我们快快长高！

干果类：天然水果经过初加工制成的干果，含有多种维生素和矿物质，能够补充我们身体所需的物质，均衡各种营养。

坏零食队伍

人工糖类：糖果类零食含有很高的糖分，容易腐蚀牙齿，形成蛀牙；色彩鲜艳的糖果常常是添加了各种色素，没有任何营养价值，还有一定的毒性，妨碍新陈代谢，影响生长发育。

膨化食品：吃大量膨化食品容易造成饱胀感，让我们在正常进餐时没有胃口，妨碍身体对营养物质的吸收，最终破坏营养均衡。此外，长期大量食用膨化食品会导致油脂、热量吸入过高，造成人体脂肪积累，形成肥胖。

油炸食品：高温油炸食品是用油脂反复高温加热而成的食品。在油炸过程中容易产生含有有毒物质的化学物质，对我们的身体危害很大。

零食小魔盒

游戏规则：请和自己的小伙伴一起制作

零食小卡片，放到一个盒子里。每个人轮流

从零食小魔盒里抽取零食卡片，辨认一下这是好零食还是

坏零食，并说一说这种零食对身体有什么影响。

跟我来唱《零食歌》

零食种类有学问，

核桃花生榛子仁，

干果食品可以吃。

糖果薯片炸薯条，

尽量节制应少食。

多吃零食是陋习，

三餐定时好身体。

1. 小朋友，请对家里的零食进行归类，分清好零食和坏零食，然后把它们分别画在对应的框里，并把今天学会的零食小知识和家长分享。

好零食

坏零食

2. 请逐渐调整自己吃零食的习惯。

第七课

营养小专家

学习目标：

- 了解自己对食物的偏好

- 理解挑食给身体健康产生的负面影响

- 增加对多种食物的体验，养成不挑食
的好习惯

选一选，说一说

请你从下面的图片中选出自己最爱吃的和最不爱吃的食物，然后说说理由。

做个不挑食的好孩子

多多、皮皮、豆豆和优优四个宝贝是好朋友。有一天，小朋友们到优优家做客。优优的爸爸妈妈为他们准备了很多好吃的，小朋友们开心地吃着，一边吃一边夸："真香！""真好吃！"可是，多多看着盘子里的青菜，却迟迟不肯动筷子。优优妈妈看到了，说："多多，多吃青菜才更健康。你看，其他小朋友吃得多香呀！""是呀，不吃青菜，身体会变差的。身体差了做什么都没有力气。"优优也给了多多同样的建议。多多看着盘子里的青菜，还是不肯吃。

学校的运动会到了，小朋友们一起参加跑步比赛。在操场上，皮皮、豆豆和优优都跑得很快，跟飞起来了一样，只有多多怎么也

跑不起来。多多看自己落在后面，眼里噙着泪水说："大家等等我，我跑不动了。"优优回答道："多多，你要多吃蔬菜才行，不然身体会变得更差，就更跑不动了。"多多听了，惭愧地低下了头。

从那以后，多多再也不挑食了，每次学校开饭的时候，多多都大口大口地吃青菜，他发现青菜其实很好吃，身体也越来越棒。学校的运动会又到了，多多再次和小朋友们一起跑步，这次他跑得可快了。小朋友们都纷纷称赞多多道："多多跑得好快呀！""多多你真棒！"多多不好意思地笑了："我爱吃青菜了，我不挑食了，我的身体更棒了。"

不挑食，身体才能棒棒的，从今天开始，我们一起努力做不挑食的好孩子吧。

请你开动脑筋想一想：

1. 故事里的多多一开始为什么跑不快呀？

2. 从多多的故事中，你学到了什么呢？

挑食是个坏习惯

挑食，是一种非常不好的饮食习惯。挑食的人在吃饭时，一般只挑自己喜欢的食物吃，而对不喜欢吃的食物爱搭不理。比如，在吃虾仁黄瓜这道菜时，有的小朋友只挑虾仁吃，却不吃黄瓜。但是，你知道吗？挑食会对我们的身体产生很多可怕的危害，我们快去一起看看吧。

营养失衡

鱼、肉、蛋、奶、蔬菜、水果、谷类等提供的营养各不相同，只有每天尽量保证这七大类食物的进食才能保障我们获得充足、平衡的营养。挑食会使我们吸收的营养不均衡，损害身体健康。

体重不达标

挑食会带来各种体重方面的问题，如果营养摄入不足，会导致体重偏轻，非常瘦弱，生长速度减慢；如果摄入太多脂肪或营养过剩，则会导致体重增加，出现肥胖等现象。

影响智力发育

大脑发育需要来自各类食物的充足营养，而挑食会造成大脑营养成分的缺失，从而影响智力发育水平，那样我们可就很难快速思考了。

抵抗力差易生病

　　由于饮食不平衡，挑食的孩子不能很好地通过从食物中获取营养来提高免疫力，所以就更容易生病。此外，挑食的孩子还比较容易患贫血、佝偻病等与营养缺乏相关的疾病。

　　人的一天需要许多不同的营养供给，而这些营养都被蕴藏在不同的食物中。所以我们不能只偏爱某一种食物，只有多样化的饮食才能保证营养平衡，才能有利于我们的身体健康。

健康饮食的"十个拳头"秘诀

每天健康饮食的数量有一个很有趣的小规律，叫"十个拳头"。拿出你的拳头，和老师一起来试试这个秘诀吧。

不超过：一个拳头大小的肉类

相当于：两个拳头大小的主食

要保证：两个拳头大小的豆、奶制品

不少于：五个拳头的蔬菜和水果

小挑战：我是营养小专家

学习了这么多关于健康饮食的知识之后，小朋友，请你看看下面的这张漫画，快快告诉漫画里的小朋友：挑食有哪些危害？怎样才能克服挑食的坏习惯？

1. 使用健康饮食的"十个拳头"秘诀来搭配一份午餐食谱，并画在下边的圆圈里。

2. 试着吃一吃过去不喜欢吃的食物，说说它是什么味道的，逐渐改掉挑食的坏习惯。

第八课
活力的早餐

学习目标：

● 了解早餐的特点和作用

● 掌握一份活力早餐包含哪些基本成分

● 为自己和家人搭配一份充满活力的营养早餐

来自活力早餐的问候

1. 小朋友，你今天吃早餐了吗？

快跟其他小朋友们一起聊聊早餐吃了什么吧。

2. 如果让你自己来选择，早餐想吃什么呢？

请从下图中任意选出五种食物作为你的一顿早餐，可以在选中的食物上画"○"。

情景剧《我的活力早餐》

小明和小红是邻居。一天早晨，小明想邀请小红来家里吃早餐。

闹铃声（铃铃铃铃）

小红：（伸个懒腰看了看窗外）啊，今天天气真晴朗。（倒了一杯温水正要喝的时候，一阵丁零零的电话铃声响起）

小红：（接起电话）喂，您好，我是小红，请问您找谁？

小明：小红你好，我是小明，我想邀请你来我家吃早餐。

小红：好的，谢谢你的邀请，我马上就到。

敲门声（咚咚咚）

小明：是谁呀？

小红：我是小红。

（小明打开门，做了个请进的动作）

小红：感谢你邀请我来你家吃早餐！

小明：不客气，快进来吧。

（小明带小红走到餐桌前坐下）

小明：我们可以开动了！

小红：等一下，我们先去洗洗手吧，把手洗干净才可以吃东西哦。

（小明和小红洗完手后回到餐桌前）

小红：哇，桌上有好多好吃的呀！

小明：快来看我的活力早餐！

小红：哇，今天的早餐营养真丰富，谢谢你！

小明：不客气，早餐营养均衡、合理搭配，我们的身体才能越来越棒！

请和你的小伙伴一起表演一下这个情景剧，并试着回答下面两个问题：

1. 情景剧中两位主人公的活力早餐都吃了什么呀？

2. 跟小朋友们聊一聊在吃早餐的过程中，情景剧中的主人公有哪些好习惯？

如何搭配活力早餐

什么样的早餐才是营养健康的呢？俗话说"一日之计在于晨"。只有把早餐吃好了，才能让我们一天都充满活力！那么，我们就一起来学习一下活力早餐有什么小秘密！

活力早餐应该是营养均衡的。碳水化合物、脂肪、蛋白质、维生素、矿物质和水一样都不能少，特别是要注意食物要富含膳食纤维。

根据所提供的营养种类，活力早餐主要包括四种食物：

● 以提供能量为主的，主要是碳水化合物含量丰富的粮谷类食物，比如，粥、香甜可口的面包、馒头。

●以提供蛋白质为主的，主要是丰富的肉类、禽蛋类等。

●以提供无机盐和维生素为主的，主要是新鲜蔬菜和水果。比如，色彩丰富的蔬菜沙拉、苹果等。

●以提供钙质为主，并富含多种营养成分的，主要是有营养滋补作用的奶类与奶制品、豆制品。比如，豆腐干、豆浆等。

活力早餐画一画

小朋友，你喜欢吃汉堡包吗？如果你可以为自己制作一份汉堡包，你希望在汉堡包中间放些什么呢？想一想，然后画在中间吧。

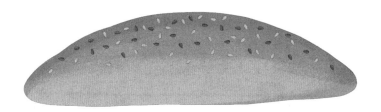

活力早餐讲一讲

请根据活力早餐的营养需求，讲讲为自己设计出的这份合理搭配、营养均衡、充满活力的早餐。与周围的小朋友分享自己设计的早餐，并相互补充。

1. 想一想有什么办法可以让自己养成每天按时吃早餐的好习惯，然后写下来，并与其他小朋友讨论讨论吧。

办法一

办法二

办法三

2. 学会为爸爸妈妈搭配科学的早餐。

第九课
丰富的午餐

学习目标：

- 了解午餐的特点和作用
- 掌握一份丰富午餐包含哪些基本成分
- 为自己和家人搭配丰富的营养午餐

美食小探索

食材连连看

　　小朋友，还记得美食金字塔吗？请你根据美食金字塔的知识对下面的食材进行分类。

五谷

蔬菜

水果

鱼蛋肉

我的午餐

1. 今天的午餐，你吃了（打算吃）哪些食物呢？

你对今天的午餐满意吗？不妨问问身边的小朋友喜欢午餐吃什么吧。

2. 如果让你自己来选择，午餐想吃些什么呢？

请从下面的三种主食图中任意选出一种主食作为你午餐的主食，并为主食搭配三种食物完成你的一顿午餐，可以将选中的食物与主食连起来。

营养午餐怎么搭

午餐，又名午饭、中餐、中饭等，是指大约在中午或者之后一段时间内所用的一餐。通常，午餐的用餐时间大约是上午十一点至下午一点的两个小时之间。午餐是一天中最重要的一餐，也是一天中食物和能量的主要补充餐。有句话说"早餐吃得好，午餐吃得饱，晚餐吃得少"。小朋友们，我们一起来学习一下如何搭配丰富的午餐吧！

健康又丰富的午餐应以五谷为主，然后配合大量蔬菜和瓜果，适量肉类、蛋类及鱼类食物，并减少油、盐及糖分的摄取。

丰富午餐选一选

妈妈从超市回来了，为中午饭买了下面的食材。快来和妈妈一起商量一下菜谱吧。

丰富午餐说一说

请根据丰富午餐的营养需求，想想为什么为自己设计出一份合理搭配、营养均衡、内容丰富的午餐。

歌谣唱一唱

营养歌

白米饭呀香喷喷，

蔬菜水果味道好，

豆奶制品不可少，

畜禽肉食美佳肴，

早睡早起勤锻炼，

身体健康长得好。

美食小任务

1. 注意留心每天午餐的丰富指数。

2. 学会为自己和家人搭配丰富的午餐。

第十课

快乐的晚餐

学习目标:

- 了解晚餐的特点和作用
- 了解快乐晚餐的组成部分
- 能够和家人、朋友一起享受快乐的晚餐

晚餐食物，你都认识吗

　　小朋友，请看一看下面八张食物图片：你都认识它们吗？然后完成下边的任务。

　　请按照下面的分类方法，把这八种食物分为四类，并把序号填在下面的横线上。

主食（1）：＿＿＿＿＿＿＿＿＿＿＿＿＿＿＿＿＿＿＿＿＿

炒菜（2）：＿＿＿＿＿＿＿＿＿＿＿＿＿＿＿＿＿＿＿＿＿

凉菜（3）：＿＿＿＿＿＿＿＿＿＿＿＿＿＿＿＿＿＿＿＿＿

汤类（4）：＿＿＿＿＿＿＿＿＿＿＿＿＿＿＿＿＿＿＿＿＿

快乐晚餐的秘密

健康、营养晚餐三字经：早、少、淡。

晚餐要早吃

晚餐时间要距离睡觉时间四个小时，因为这是食物在胃肠道中消化吸收所需的时间。如果晚餐时间离睡觉时间过短，不仅会造成脂肪堆积，还会影响我们的睡眠质量，最终影响我们的身体健康。

晚餐要少吃

晚上是人们睡觉休息的时间，身体活动量降到了最低值，身体的生理状态也不同于白天。如果晚餐常常摄入过多的营养物质，时间长了体内脂肪越积越多，人体就会发胖，同时还会增加心脏负担，给健康带来很多不利因素。

晚餐要吃淡：低油、低盐、低糖

有一句话叫"早餐吃得像皇上，午餐吃得像平民，晚餐吃得像乞丐"。意思是说在一日三餐当中，晚餐要吃得相对简单一些，不建议大鱼大肉，而应以清淡为主。

除此之外，晚餐我们应该尽量减少甜食的摄入。如果我们在晚餐中进食太多甜食，容易造成脂肪的堆积，导致肥胖。

晚餐搭配的小建议

1. 晚餐应首选粥。

2. 晚餐肉类食物中，鱼类是首选。

3. 选择两种以上的蔬菜。

了解了这么多关于晚餐的小知识，现在你一定对晚餐的搭配有所了解了吧。请尝试着重新为自己设计一个健康、营养的晚餐食谱，并尽量把它记录在下面吧！

我的晚餐食谱

食物名称	我选它是因为……

1. 回家看一看晚餐都有什么菜，想一想晚餐的搭配是否健康。

2. 请把今天完成的晚餐食谱展示给家长，并张贴在家里，提醒家人健康吃晚饭。

第三单元

情感篇

第十一课
爱的滋味

学习目标：

- 体会美食中包含的家庭情感
- 在美食中培养感恩之心
- 能够向家人表达爱、传递爱

美食小探索

小朋友，请认真看一看下面的几张图，猜一猜图片中的小动物在做什么？然后将答案写在下面的横线上。

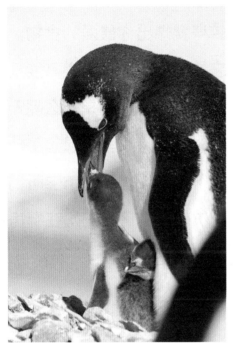

图 1

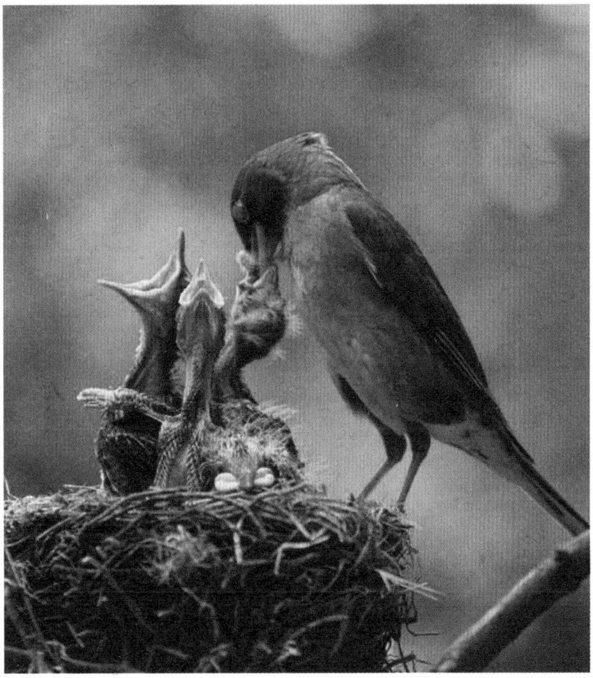

图 2

看了这些图片，你有什么想法和感受，请你和身边的小朋友分享一下吧。

图 1: ________________________________

图 2: ________________________________

爱的味道

有一种味道，每个人都会记忆深刻，那就是出自妈妈之手的"爱的美食"的味道。这种味道，每个人的感受都不一样，但感动的念头都是一样的。

好像每位妈妈都是一位魔术师，一转身就端出你最爱的食物。想到妈妈做的饭，每个人都有自己最难忘的滋味。这种味道可能是一道菜、一勺汤、一碗面、一张烙饼……你最难忘的味道是什么呢？

当你想起让自己最难忘的美食味道的时候，脑海里又想起了什么？仿佛闻到妈妈每天早上唤你起床时留下的淡淡香味，仿佛听到妈妈在你身边爽朗的笑声和轻柔的话语，仿佛看见傍晚妈妈在厨房忙碌的身影。关于妈妈所有的印象和美食的味道融合到了一起，形成了独一无二的属于你的爱的味道。

原来，这种味道，就是爱。

画一画

小朋友，请你想一想，你最喜欢吃什么菜，然后将它画在下边，最后想想是谁为你做了这道菜。

我最喜欢吃：

做这道菜的人是：

聊一聊

快和大家分享一下你的美食作品吧！

并说说为什么这是你最喜欢吃的美食。

1. 请你回到家后对自己的家人说一声："辛苦了，我爱你！"

2. 帮家人做一些自己力所能及的家务劳动。

第十二课

家庭美食图

学习目标:

● 了解家庭成员的概念

● 掌握家庭成员之间的关系和家庭成员
的饮食偏好

● 通过美食感受家庭成员之间的情感
联结

我的家庭树

这是一棵代表你的家庭成员关系的爱心树，请根据你的家庭情况选择下面的卡通人物头像仿画到家庭树上，代表你的家庭情况。

家庭树

爷爷　　奶奶　　外公　　外婆

爸爸　　妈妈

我　　兄弟姐妹

家庭成员头像

我

哥哥　　　　姐姐　　　　弟弟　　　　妹妹

爸爸　　　妈妈

爷爷　　　奶奶　　　外公　　　外婆

我的家庭美食图

完成你的家庭树之后，请为每一位家庭成员（包括你自己）写出或画出他们各自最喜欢吃的食物。

爱分享

请和你身边的小伙伴分享你的家庭树和家庭美食图，说说你们家庭的故事。

家庭美食小贴士

我们可以根据家庭成员的年龄段，把家庭成员分为四大类。

学龄前儿童

学龄前儿童指的是上小学之前的小孩子。这个年龄段的孩子要注意营养的平衡，保证热量及各种营养素的摄入量。但食量要与体力活动相平衡，保持正常体重增长速度。

推荐饮食：食物要丰富多样，要以谷类为主。多吃新鲜蔬菜和水果，补充丰富的维生素。经常吃适量的鱼、禽、奶、蛋、瘦肉等富含蛋白质的食物。

饮食注意点：不要偏食、挑食、暴食；少吃甜腻食品。

学龄期儿童

学龄期儿童是指上小学之后的小朋友。这个年龄段的孩子要注意保证均衡的营养和充足的休息，预防近视眼和龋齿。

推荐饮食：补充充足的鱼肉蛋奶等优质蛋白质。多食新鲜蔬菜和水果，补充丰富的维生素。饮食均衡，注意钙、铁、锌等微量元素的补给。

饮食注意点：忌辛辣、少刺激；忌偏食、别挑食。

中青年人

中青年人是指上班一族。这个时期要注意控制总热量以避免肥胖。

推荐饮食：植物蛋白含量高的食物，比如，各种豆制品。钾、钙含量丰富的食物，比如，各种坚果和蘑菇类。补充丰富的绿色蔬菜和新鲜水果。

饮食注意点：少吃动物脂肪和胆固醇含量高的食物，少吃甜食，戒烟忌酒，还要多运动哟。

老年人

比如，我们的爷爷奶奶。这一时期人体器官的功能下降，体内的细胞数量和水分慢慢减少，矿物质慢慢流失，各个身体系统的功能随之降低。

推荐饮食：饮食以清淡为主。宜多食富含蛋白质和维生素的食物。

饮食注意点：少吃辛辣和过于油腻的食物，不要贪吃多吃，也不要吃味道过重的食物。

家庭美食小专家

学习了家庭美食小贴士之后，你就可以变身家庭美食小专家，为每一位家庭成员推荐美食啦！赶快来与小朋友讨论一下，试着为身边的朋友提供美食建议吧。

给自己的美食建议　　　　　给爸爸、妈妈的美食建议

给老人的美食建议　　　　　给小朋友的美食建议

1. 回家后继续完成你的家庭美食图，如果你不知道某位家庭成员喜欢的食物，请问一问他，再把他喜欢吃的食物补充在你的家庭美食图上。

2. 请你回家后把今天学到的内容告诉家中的其他成员，帮助他们培养更健康的饮食习惯。

小厨房大世界

学习目标:

- 了解厨房用具的基本分类和功能
- 学习厨房中的安全规则
- 理解并掌握规则的含义

猜猜看

下面的谜语都是关于厨房用具的，看看你能猜出几个？

电炉通电心里暖，

它和电炉正相反。

鸡鸭鱼肉里面藏，

不腐不烂保新鲜。

答案（　　　　）

木尾巴，铁脑袋，

大板牙齿真叫快，

从来不见它喝水，

经常吃肉又吃菜。

答案（　　　　）

胖娃娃，

嘴真大，

不管吃啥都要它。

答案（　　　　）

圆又圆，

扁又扁，

脊梁上面生只眼。

答案（　　　　）

有长也有方，

五味它都尝。

只要别人净，

不怕自己脏。

答案（　　　　）

小朋友，你还知道其他关于厨房用具的谜语吗？说出来，让其他小朋友猜一猜吧。

认一认

和小朋友讨论一下，看看厨房里都有些什么？你能说出它们的名字吗？然后把答案写在下边的横线上吧。

厨房里有： _____

厨房里的安全课

厨房里有各种各样的危险，如果行为不当，会有哪些危险？

1. 自己开煤气炉或燃气炉，因为我们年龄小，掌握不好开关，燃气泄漏会中毒，还会引发燃气爆炸，是非常危险的。

2. 私自使用刀叉。因为这样极有可能会伤害到自己，导致受伤流血。

3. 触碰高温、高热物体。因为如果不小心碰到，会烫伤皮肤，甚至危及生命，千万不要碰。

4. 私自触碰家用电器。这样做不仅容易被夹伤，还可能会有触电的危险。

5. 随意进厨房玩。这样小朋友容易被炒菜的油溅在脸上、身上，造成烫伤；也容易踩到地面上的水渍或油渍滑倒摔跤；容易打破玻璃或陶瓷容器，扎伤自己。

所以小朋友一定要记住下面的安全规则：

● 不私自触碰燃气、煤气。

● 不私自使用刀叉。

● 不要触碰高温、高热物体。

● 不私自触碰家用电器。

● 在没有家长陪同下，不随意进厨房玩。

厨房分类小能手

　　下面有很多常见的厨房用具，请你仔细想一想：这些厨房用具该如何分类呢？请按照分类将用具的序号填写在空白处。

烹饪类：

_____

清洁类：

_____

储物类：

_____

想一想：还有其他分类方法吗？

厨房规则练一练

请判断下面的例子里小明做得对不对？如果不对，请说说他错在哪里。

1. 小明到厨房看到炉灶上有东西冒烟，就伸手去触摸它。这样做对吗？为什么？

2. 小明在厨房看到煤气灶上有两个黑色的开关，就把它们开了又关，关了又开，觉得很好玩。这样做对吗？为什么？

3. 厨房里有很多亮亮的刀，有的很大，有的很小。小明拿不起大的刀，就把手放在上面摸来摸去。还去拿小的刀学着妈妈切菜。这样做对吗？为什么？

4. 妈妈在炒菜，小明闻到香味就跑进去看，脸都快贴到油锅上了。这样做对吗？为什么？

美食小任务

1. 拍一张家里厨房的照片，认一认家里都有哪些厨房用品。

2. 和家人说说学习到的厨房用品安全规则，并问一问爸爸、妈妈有关自己家厨房用品的使用规则。

第十四课

我是小当家

学习目标:

● 掌握良好的日常饮食行为习惯

● 学习并理解待客之道

● 培养独立自主、礼貌待客的个性品质

辨一辨，帮一帮

　　小刚是一名一年级的小学生，但是这个可爱的小男孩有一些饮食行为上的小问题。

　　小朋友，我们一起来看看小刚的日常生活片段，在这些片段中，看看小刚身上有些什么样的饮食问题，然后帮他一一指出来。最后，请想一想：怎么样帮小刚改掉这些不好的饮食行为呢？在日常生活中，你是怎样表现的呢？

　　1. 一天中午，小刚在家吃饭，他吃得正香时，门外传来急促的敲门声，当当当！当当当！"小刚小刚！出去踢球吧！"小刚没有丝毫犹豫，放下筷子转身就跑出去玩了。

　　2. 周五下午，小刚放学回到家，又累又饿，这时他看到桌子上放着香喷喷的大馒头，就跑到桌子前，拿起馒头张大嘴就啃了起来。

3. 有一天，小刚与家人一起吃丰富美味的晚餐，桌子上有好吃的，小刚看到美味诱人的大虾，一筷子夹下去，恰好与爷爷夹到了同一只虾，小刚说："我要吃！"爷爷疼爱小刚，就把虾让给他吃了。

4. 吃饭时间到了，小刚早早就在饭桌前坐好等待开饭，但是十分钟过去了，妈妈还没有做好饭，小刚很不高兴，他用筷子使劲敲碗，发出叮当叮当叮当的声响，并向妈妈嚷嚷："饿死我了，你做好饭没！"

5. 小刚筷子用得不太好，有一天，家里做了又滑又嫩的蘑菇，他用筷子翻盘子中的蘑菇，左挑挑、右挑挑。

6. 终于找到了一个最大的蘑菇，可是筷子一滑，蘑菇掉在了桌子上，他下手捡起蘑菇塞进嘴里，吧唧吧唧嚼起来。

三只小兔招待客人

三只小兔有一个非常漂亮温馨的家，家门外有一条长长的小路。有一天，远远的邻居们来做客了。有白猫老师、黑猫先生、黄猫先生，还有农夫伯伯。

老大、老二和老三还在屋子里面呢，老二轻轻把门推开一条缝，好奇地往外看，老大着急地问："老二老二，客人们来了吗？"老二收回脑袋说："都来了，都来了，有一位农夫伯伯，还有许多位猫先生。"正说着，兔妈妈喊它们了："老大、老二、老三，客人们都来了，你们快来迎接客人吧！"三兄弟摇摇摆摆地走出来。

老大抢先走到客人面前说："喂，你们带什么吃的东西来了吗？"老二听了老大的话马上把它拉了回来。老三走上前去，很有礼貌地说："大家好，欢迎来我家！"客人们见老三这么有礼貌都很高兴。兔妈妈招待客人进了屋子。

三兄弟回到屋子，老二关上门，不高兴地对老大说："大哥，你太没礼貌了，真丢脸！"老大脸一下子红了，不好意思地说："我……"

老三想了想对老大说："大哥，我有一个办法，我们把准备好的水果送过去，顺便向客人道歉吧！""对呀！"老大听了觉得老三的办法很好，便捧起一盘梨，高兴地说："嘿嘿，这梨很甜的，就请客人们吃梨吧。"老二发火说："那些梨你都咬过了，怎么能拿它们给客人吃呢！"老大又想起了什么，说："对了，我还尝过香蕉，也很好吃。"老三看了看盘子里的香蕉，很奇怪地问："咦，怎么只剩下一个香蕉了？"老大不好意思地说："香蕉真的很好吃，其他的我都吃掉了。"老二不高兴地说："大哥，香蕉只有一个了，但是有许多客人，不够分呀。"老大若有所思地点点头，转念一想说："我来看看这盘红苹果吧。"老大又拿一盘红苹果数了起来："这个给白猫老师，这个给黑猫先生，这个给黄猫先生，这个给农夫伯伯，还有剩下的红苹果，红苹果比客人多，我就把红苹果拿给客人们去吃吧。"

老大捧着一大盘红苹果站在客人们面前："白猫老师、黑猫先生、黄猫先生、农夫伯伯，欢迎你们来做客，刚刚我很没有礼貌，我错了。"接着，老大向大家鞠了一个躬，抱歉地说道："我请大家吃苹果。"客人们都笑了，原来他们根本没有怪老大。老二和老三也捧着水果来招待客人了，老二将手中的橘子分给客人们，正好一人一个，老二笑着说："橘子和客人一样多。"老三把端着的葡萄分给客人们，每人都能分到许多颗葡萄，而且还剩下不少呢。老三说："葡萄比客人多。"

白猫老师笑眯眯地对三兄弟说"你们真能干,又懂礼貌,都是好孩子。"

　　天色晚了,客人们回去了,兔妈妈带着三兄弟送出门外,客人们都很高兴。农夫伯伯对老大、老二和老三说:"谢谢你们的招待,今天真高兴,欢迎你们到我家去玩,我一定好好招待你们。"这下子老大高兴地跳起来:"太好了! 太好了! "

请你开动脑筋想一想:

　　1. 故事里的三只小兔,谁招待客人时表现得最好?

　　2. 在招待客人的时候,三只小兔有哪些懂礼貌的行为?

角色扮演《我是小当家》

欣赏了《三只小兔招待客人》的小故事，里面的待客之道你都学会了吗？下面请你和身边的小朋友来演一演客人到家里来做客的情景故事吧。

表演《进餐礼仪歌》

进餐礼仪歌

想要文明懂礼貌，

就餐礼仪不能少。

筷子勺子不乱敲，

讲话嬉笑易噎到。

不挑食也不剩饭，

细嚼慢咽肠胃好。

餐后收拾少不了，

比比谁是好宝宝。

1. 请把今天学习到的饮食礼貌运用到现实生活中。

2. 回家后请为家人表演歌曲《客人来了》。

第四单元

综合篇

第十五课
美食童谣
大比拼

学习目标：

- 对这学期学习的内容进行回顾
- 掌握六首以美食为主题的童谣
- 创造并使用肢体语言表达童谣

美食小回顾

还记得我们这学期都学了哪些有趣的内容吗？

请把你能记起来的内容列在下面。

1.

2.

3.

4.

5.

6.

7.

8.

9.

10.

美食童谣串烧

美食金字塔

美食宝塔分五层，层层种类各不同。

底层谷类能吃饱，顿顿千万不能少。

二层蔬果价值高，每天两类不要挑。

鱼肉蛋奶营养好，适量食用长高高。

四层油糖热量超，多吃长胖惹人恼。

调料顶层分量小，只需一点就达标。

营养均衡善搭配，人人争当壮宝宝。

小水滴

小水滴，个儿小，作用多，本领大。

小草喝它冒新绿，小树喝它吐新芽。

早上起床一杯水，平常记住多补水。

天然饮料益处多，人造饮料害处大。

培养喝水好习惯，身体倍棒乐开怀。

零食歌

零食种类有学问，

核桃花生榛子仁，

干果食品可以吃。

糖果薯片炸薯条，

尽量节制应少食。

多吃零食是陋习，

三餐定时好身体。

营养歌

白米饭呀香喷喷，

蔬菜水果味道好，

豆奶制品不可少，

畜禽肉食美佳肴，

早睡早起勤锻炼，

身体健康长得好。

我的活力早餐

吃饭香，身体壮，要靠饮食来保障。

少年儿童成长快，均衡膳食体质强。

鱼肉蛋奶豆制品，五谷杂粮有营养。

瓜果蔬菜不可少，科学搭配保健康。

品种多样不挑食，饮食习惯要培养。

长身体，增力量，活力早餐美名扬。

进餐礼仪歌

想要文明懂礼貌，就餐礼仪不能少。

筷子勺子不乱敲，讲话嬉笑易噎到。

不挑食也不剩饭，细嚼慢咽肠胃好。

餐后收拾少不了，比比谁是好宝宝。

想一想：

1. 判断一下，哪几首童谣是已经学过的，哪几首童谣是新学的？

2. 这六首童谣你都学会了吗？

3. 你最喜欢的童谣是哪一首呢？

选一首你最喜欢的童谣，并为这首童谣设计一套可爱的动作，简单地画在下边，然后向大家表演一下吧！

1. 请和小朋友们一起展示一下属于自己的美食童谣吧。

2. 请试着回家表演一下今天设计的美食童谣，把健康的饮食习惯传递给家人。

第十六课
美食涂鸦秀

学习目标：

- 认识和美食有关的颜色

- 学习食物和色彩的关系

- 完成属于自己的美食涂鸦作品并展示

美食调色盘

小朋友，你能回忆起这学期我们都学习了哪些和美食有关的颜色吗？

请把你能记起来的颜色用彩笔涂在下面空白的调色盘里。

你问我答小游戏

请你和身边的小朋友一起来玩一玩"你问我答"的色彩游戏。

比如，

问：香蕉是什么颜色的？

答：黄色。

问：草莓上面有哪些颜色？

答：红色和绿色。

食物的色彩

世界充满了五彩缤纷的颜色，你知道吗？每一种颜色都有它特殊的功能！人类身体对色彩的需求是可以通过摄取食物来获得的，就让我们一起来了解一下五颜六色的食物和它对应色彩的功能吧！

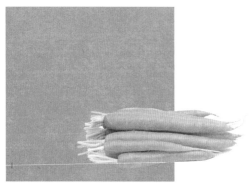

橙色

橙色具有清洁身体、促进身体各部分协调的作用，还有助于新组织的生成，吃胡萝卜就相当于摄取了橙色。

红色

红色的食物有胡萝卜、草莓、樱桃等，这些红色的水果能够净化我们的血液，使我们的身体充满活力。

黄色

黄色的食物包括柠檬、香蕉、南瓜、黄豆和菜籽油等。这些黄色的食物能够维持人体的酸碱平衡，促进我们的肠道蠕动。

紫色

紫色的食物如葡萄、蓝莓和李子等，这些紫色的水果可以强化神经系统的功能。

绿色

绿色的食物有菠菜、青豆、卷心菜、芹菜、荷兰豆等，这些绿色的蔬菜含有丰富的矿物质，能够缓解压力，让身体充满活力。

除了颜色本身的功能之外，每种维生素都有自己的色彩，这些维生素的色彩也表现在了食物上。比如，维生素 A 为黄色和绿色，维生素 B_{12} 为红色，维生素 B_1 为绿色，维生素 B_2 和维生素 B_6 分别是红色和橙色，维生素 C 为柠檬色，维生素 D 为紫色，维生素 E 为深红色，维生素 K 为蓝色。我们通常说食物颜色越深对身体就越好，实际上是因为颜色深的食物不仅仅是浓缩的色彩，还因为里面有更多的维生素和矿物质。

所以，为了我们的身体健康，同学们，让我们每天补充各种各样颜色的食物吧！

美食涂鸦秀

　　这里有好多好多的美食呀！请你拿出自己的小画笔，充分发挥自己的想象力与创造力，把这些美食添上丰富的颜色，并向你的小朋友展示自己的涂鸦作品吧。

美食
小任务

1. 向班里的同学们展示自己的美食涂鸦。

2. 和周围的同学们分享一下这个学期自己的收获。

美食小寄语

可爱的小朋友，这个学期的《儿童美食心理学》看完啦！希望你在课堂中有所收获，并且能将所学到的每一课知识都运用到生活中。科学健康饮食，均衡营养，感受美食中的爱、独立、创造、分享和幸福，身体棒棒，快乐成长！